发电企业安全监察图册系列

发电厂液氨区域安全监察图册

国家能源投资集团有限责任公司　编

应 急 管 理 出 版 社

· 北　京 ·

图书在版编目（CIP）数据

发电厂液氨区域安全监察图册／国家能源投资集团
有限责任公司编．－－北京：应急管理出版社，2020
（发电企业安全监察图册系列）
ISBN 978－7－5020－8319－9

Ⅰ．①发…　Ⅱ．①国…　Ⅲ．①发电厂—液氨—安全
监察—图集　Ⅳ．①TM62－64

中国版本图书馆 CIP 数据核字（2020）第 182133 号

发电厂液氨区域安全监察图册（发电企业安全监察图册系列）

编　　　者	国家能源投资集团有限责任公司
责任编辑	闫　非　刘晓天　张　成
责任校对	赵　盼
封面设计	于春颖

出版发行	应急管理出版社（北京市朝阳区芍药居 35 号　100029）
电　　话	010－84657898（总编室）　010－84657880（读者服务部）
网　　址	www.cciph.com.cn
印　　刷	中煤（北京）印务有限公司
经　　销	全国新华书店

开　　本	787mm×1092mm$^1/_{16}$　**印张**　$6^1/_4$　**字数**　113 千字
版　　次	2020 年 12 月第 1 版　2020 年 12 月第 1 次印刷
社内编号	20200910　　　　　　　**定价**　50.00 元

《发电厂液氨区域安全监察图册》
编 写 组

主　　编　　刘国跃

副 主 编　　王忠渠　　江建武　　李文学　　赵岫华　　杨希刚

编写人员　　付　昱　　唐茂林　　徐小波　　蒋军成　　季冠庆　　冀顺林　　韩玉东

　　　　　　施晓亮　　贾晋龙　　田有才　　杜进军　　杜　中　　何金起　　杨艳芬

　　　　　　王朝飞

前　　言

　　为认真贯彻"安全第一、预防为主、综合治理"的安全生产方针，落实企业安全生产主体责任，规范履行安全监察监管责任，构建安全风险分级管控和隐患排查治理双重预防机制，国家能源投资集团有限责任公司组织编制了《发电企业安全监察图册系列》。

　　《发电厂液氨区域安全监察图册》是《发电企业安全监察图册系列》的一种。本图册以国家能源投资集团有限责任公司所属国神焦作发电公司为标准示范和编写的依托单位。图册严格依据国家、行业以及集团有关规定，充分结合多年来发电厂液氨区域安全管理实践，规范指导发电厂液氨区域设备装置、安全设施、运行维护、应急管理等工作。国家能源投资集团有限责任公司多次组织电力行业有关专家开展论证会，对本图册编写内容进行评审修订。本图册可作为发电企业各级领导、安全管理人员对发电厂液氨区域安全管理的工具用书，也可作为指导、监督、检查的标准规范。

　　由于编写人员水平有限，编写时间仓促，书中难免有不足之处，真诚希望广大读者批评指正。

编　者

2020 年 7 月

编 制 依 据

《电业安全工作规程 第 1 部分：热力和机械》(GB 26164.1)

《建筑设计防火规范》(GB 50016)

《石油化工企业设计防火标准》(GB 50160)

《危险化学品重大危险源辨识》(GB 18218)

《头部防护 安全帽》(GB 2811)

《足部防护 安全鞋》(GB 21148)

《呼吸防护 自吸过滤式防毒面具》(GB 2890)

《电力设备典型消防规程》(DL 5027)

《火力发电企业生产安全设施配置》(DL/T 1123)

《危险化学品重大危险源 安全监控通用技术规范》(AQ 3035)

《危险化学品重大危险源 罐区现场安全监控装备设置规范》(AQ 3036)

《石油化工储运系统罐区设计规范》(SH/T 3007)

《火力发电厂烟气脱硝设计技术规程》(DL/T 5480)

《化学品生产单位危险作业安全规范》(AQ 3021 ~ 3028)

《火力发电厂脱硝系统设计技术导则》(Q/DG 1 - J004)

《人身防护应急系统的设置》(HG/T 20570. 14)

《火力发电厂职业安全设计规程》(DL 5053)

《正压式消防空气呼吸器》(GA 124)

《耐酸（碱）手套》（AQ 6102）

《液氨泄漏的处理处置方法》（HG/T 4686）

《氨压力表》（JB/T 9272）

《危险化学品安全管理条例》（中华人民共和国国务院令　第 645 号）

《燃煤发电厂液氨罐区安全管理规定》（国能安全〔2014〕328 号）

《防止电力生产事故的二十五项重点要求》（国能安全〔2014〕161 号）

《电站生产区域消防设备设施配置标准》（Q/SHJ 0088）

其他有关国家标准、行业标准、法律法规

目　　录

目　　录

第一章　总　体　布　局

一、总体要求

（1）氨区布置除满足发电厂规划总体要求外，应充分考虑其与周边环境的相互影响，设置在厂区边缘或相对独立的安全地带，布置在厂区全年最小频率风向的上风侧。

（2）架空电力线路，严禁穿越氨区。

（3）氨区围墙内不宜绿化，不得储存其他易燃品或堆放杂物，应配备合理的消防器材和泄漏处置应急设施。

总体平面布局

电力线路

氨区围墙

二、生产区

（1）氨区生产区包括卸氨区、储存区与制备区，设备设施主要有卸氨臂、卸氨压缩机、液氨储罐、液氨输送泵、液氨蒸发器、液氨缓冲罐、氨气稀释罐、含氨废水池（有盖）等。

（2）氨区应具备风向标、洗眼池及人体冲洗喷淋设备，同时氨区现场应放置防毒面具、防护服、药品以及相应的专用工具。

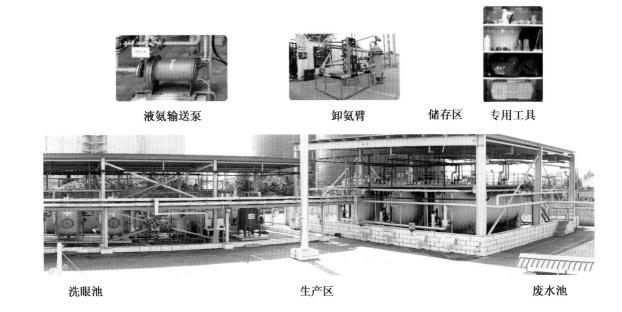

液氨输送泵　　　　　　　　卸氨臂　　　储存区　　专用工具

洗眼池　　　　　　　　　　生产区　　　　　　　　废水池

三、辅助区

（1）辅助区包括控制室、值班室、配电室等。

（2）氨区内控制室、值班室、配电室应位于爆炸危险区范围以外，且不应布置在储罐区与蒸发区全年最小频率风向的上风侧。控制室、值班室与液氨储罐等设施最外缘的防火间距不应小于15 m。

（3）控制室、配电室面向有火灾危险性设备侧的外墙应为无门窗、洞口的不燃烧材料实体墙。

控制室、值班室、配电室

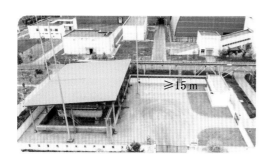

值班室与液氨储罐的防火间距不应小于 15 m

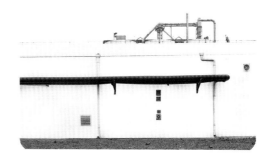

面向设备侧实体墙

四、围墙

（1）生产区四周应设围墙使之独立成区。位于发电厂区外独立布置的氨区，其生产区四周应设高度不低于2.5 m的非燃烧材料的实体围墙；位于发电厂的氨区，其生产区四周应设高度不低于2.2 m的非燃烧材料实体围墙，其底部实体部分高度不应低于0.6 m；当位于发电厂内的氨区围墙利用厂区围墙时，应采用高度不低于2.5 m的非燃烧材料实体围墙。

（2）实体围墙应设置警告标识。

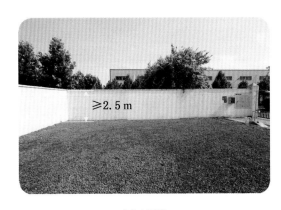

氨区围墙

围墙警告标识

五、道路

（1）氨区应设环形消防车道并与厂区道路形成路网。氨区周围道路必须畅通，以确保消防车辆能正常作业。

（2）氨区内的道路应采用现浇混凝土地面，并采用不发火（防爆）面层。

（3）液氨设备、系统的布置应便于操作、通风和事故处理，同时必须留有足够宽度的操作空间和安全疏散通道。

厂区道路

环形消防车道　氨区道路

混凝土地面

设备操作空间

安全通道

六、出入口

生产区应设置 2 个及以上对角或对向布置的安全出口。安全出口门应向外开，以便危险情况下人员安全疏散。

安全出口2　　　　　　　　安全出口1

生产区出入口

安全出口(门向外开)

七、综合管线

（1）氨气管道不得穿越或跨越与其无关的建（构）筑物、生产工艺装置或设施；凡与氨区无关的管道均不得穿越或跨越氨区。

（2）氨气管道跨越消防道路时，路面以上的净空高度不应小于5.0 m；跨越车行道路时，路面以上的净空高度不应小于4.5 m。

消防管道与氨气管道分开布置

氨气管道跨越车行道路

（3）氨气管道与厂区电力电缆、氢管、油管等共架多层敷设时，应分开布置在管架的两侧或不同标高层中，之间宜用其他公用工程管道隔开。架空氨气管道与其他架空管线之间的最小净距应符合以下要求：

架空氨气管道与其他架空管线之间的最小净距

管 线 名 称	平行净距/m
给水管、排水管	0.25
热力管（蒸气压力不超过 0.3 MPa）	0.25
绝缘导线和电气线路	1.00
穿有导线的电线管	1.00

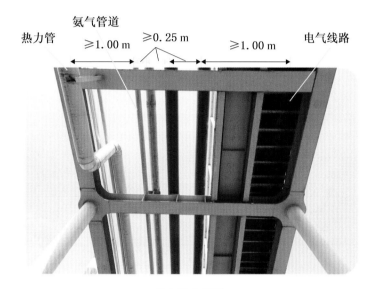

架空综合管线

第二章 设 备 设 施

一、卸氨压缩机

（1）卸液氨时，为避免氨与空气混合而发生爆炸，不可采用空气加压，应设专用的柱塞式或往复式卸氨压缩机。

（2）脱硝用卸氨压缩机可设带有四通阀门的氨气回收管路，以充分回收液氨运输槽车中的残余氨。

（3）脱硝用卸氨压缩机与槽车相接的液相卸料管及气相回气管均应设氮气吹扫进气管及接氨气排放总管的排气管。每台卸氨压缩机的出口管道上应设超压保护的安全阀。

（4）脱硝用卸氨压缩机与槽车卸氨压缩机应配防爆等级为 dIIAT1 的电动机。

复式卸氨压缩机

电机防爆标志

安全阀

四通阀门

防爆电动机

二、卸氨臂

（1）卸氨区应装设万向充装（卸氨臂）系统用于接卸液氨，禁止使用软管接卸。万向充装系统应使用干式快速接头，周围设置防撞设施。

（2）万向充管道系统周围应设置防撞桩。如受场地限制，液氨卸料区只能设于液氨区围墙外的，应在万向充装管道系统周围设置防撞围栏。

（3）万向充装系统两端均应可靠接地。

（4）每个卸氨臂平台处应设置接地端子，接地端子用接地线与接地干线直接相连。

接地干线

快速接头

接地线

防撞设施

卸氨臂

三、液氨储罐

（1）氨区的设计应设防火堤、遮阳棚、冷却喷淋等相关安全措施，并设置氨气泄漏检测器、喷淋冷却水装置、氮气吹扫装置、安全淋浴器和洗眼器以及逃生风向标等安全防护设备。

（2）液氨储罐应有两点接地的防静电接地设施，所有防静电接地设施应定期检查、维护，并建立档案。氨区及输氨管道所有法兰、阀门的连接处均应装设金属跨接线，并有相应的防腐措施。

（3）应在储罐四周安装水喷淋装置，当储罐罐体温度过高时自动淋水装置启动，防止液氨罐受热、暴晒。

储罐静电接地　　静电接地

遮阳棚

（4）液氨储罐应设液位计、压力表、温度仪、安全阀等监测装置。所有仪表和安全阀应定期检查、校验，并建立档案。氨区启动阀门应采用故障安全型执行机构。液氨储罐进出口阀门应具有远程快关功能。

（5）氨区应设有防火堤和应急收集池。防火堤的有效容量不应小于氨区中最大储罐的容量，并在不同方位上设置不少于 2 处越堤人行踏步或坡道。

压力表

远程快关

安全阀校验报告

收集池
排水沟

越堤人行踏步

四、氨气制备

（1）氨气制备设备包括液氨蒸发器及氨气缓冲罐。

（2）从安全性考虑，液氨的蒸发应采用间接加热，间接加热应采用水浴管式加热器，中间加热载体宜设循环泵。液氨的蒸发量受蒸发器的中间加热载体温度的控制，中间加热载体温度一般控制在 40 ℃。

（3）蒸发器与氨气缓冲罐的连接应为单元制串联，缓冲罐的容量应满足蒸发器额定出力 3～5 min 的停留时间。

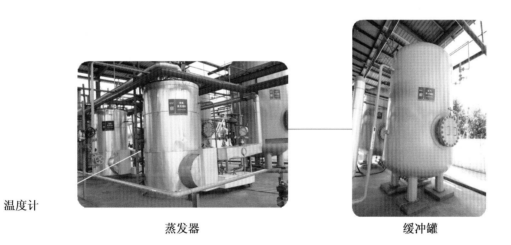

温度计　　　　　　　　　　　　　　　　　　　　

蒸发器　　　　　　　　　　　　　　　　缓冲罐

五、废水收集和排放

（1）氨区废水必须经过处理并达到国家环保标准，严禁直接对外排放氨。

（2）废水池用于收集氨气稀释罐排出的含氨废水、卸液氨区的地面冲洗水（含雨水）和安全淋浴器的排水，然后用泵送至发电厂工业废水处理系统。

（3）废水池应采用地下布置，并设在储罐区防火堤外。

储罐区防火堤

废水池

泵送至工业废水处理系统

稀释罐排出的含氨废水

废水收集

六、稀释装置

（1）氨储存箱、氨计量箱的排气应设置氨区吸收装置。

（2）氨气稀释罐为一定容积的水槽，用于吸收各设备及管道启动吹扫时各氨气排放点排出的氨气。

（3）氨气稀释罐还能吸收卸氨压缩机、液氨储存罐及氨气缓冲罐等设备安全阀起跳后排放的氨气。液氨系统各排放处所排出的氨气由管线汇集后从稀释罐底部进入。通过分散管将氨气分散送入稀释罐中，利用水来吸收排入罐内的氨气。

氨区设备排放
氨气收集母管

稀释罐补充水

氨区稀释罐

七、阀门

（1）氨区气动阀门应采用故障安全型执行机构，储罐氨进出口阀门应具有远程快关功能。

（2）氨储罐所有接口管道应设置不少于 2 个串联阀门，其中 1 个应为紧贴储罐的手动隔离阀。

气动阀门

串联阀门

八、液位装置

（1）压力储罐上应设置液位计、温度计、压力表和低液位报警器、高液位报警器，液位计、温度计、压力表应能就地指示，并应传送至控制室集中显示。

（2）液氨储存罐应设置高低液位报警系统，当高于高液位时自动连锁切断进料阀，并设有储罐超温报警和超压自动启动喷淋水冷却系统。

（3）储罐液位计应有明显的限高标识，运行中储罐存储量不得超过储罐有效容量的85%。

储罐指示

储罐液位计

限高标识

九、压力表

（1）仪表正常工作环境温度为 −40 ~ +70 ℃。

（2）仪表压力部分一般使用至压力测量范围上限值的 3/4。

（3）仪表弹性元件应采用能抵抗氨腐蚀的材料制造，其他零件应能抵抗氨腐蚀或镀（涂）以抗氨腐蚀的覆盖层。

上限值的3/4

仪表弹性元件

压力表

十、遮阳棚

（1）液氨储罐宜设置遮阳棚等防晒措施。

（2）出于安全性考虑，液氨储罐宜布置在敞开式带顶棚的半露天构筑物中，构筑物符合防火、防爆要求。

敞开式带顶棚的半露天遮阳棚

十一、报警检测装置

（1）氨区应设置事故报警系统和氨气泄漏检测装置。氨气泄漏检测装置应覆盖生产区并具有就地、远传报警功能。可燃气体或易燃液体储罐场所，在防火堤内每隔 20~30 m 设置 1 台报警仪。

（2）氨气泄漏检测装置应接入发电厂火灾自动报警系统。

（3）可燃气体或有毒气体场所的检（探）测器应采用固定式，其安装高度应高出释放源 0.5~2.0 m。

声光报警

泄漏检测装置

20~30 m

0.5~2.0 m

检测器安装高度

十二、安全自动装置

（1）氨区应装设必要的安全自动装置。当液氨储罐温度和压力超过设定值时自动启动降温水喷淋系统；当储罐压力和液位超过设定值时切断进料；当氨气泄漏达到规定值时自动启动消防喷淋系统。

（2）原则上自动装置应同时设置就地手动或手动遥控装置备用，就地手动装置应能在事故状态下安全操作。

（3）每个储罐应单独设置用于罐体表面温度冷却的降温喷淋系统。喷淋强度根据当地环境温度、储罐布置、装载系数和液氨压力等因素确定。

自动降温水喷淋系统

自动消防喷淋系统

十三、视频监控

（1）氨区应设置能覆盖生产区的视频监视系统，视频监视系统应传输到本单位控制室（或值班室）并按要求传至上级指挥中心。

（2）摄像头的设置个数和位置，应根据罐区现场的实际情况而定，既要覆盖全面，也要重点考虑危险性较大的区域。

（3）氨区 30 m 范围内布置的视频监控设备应使用防爆摄像机或采取防爆措施，摄像头的安装高度应确保可以有效监控到储罐顶部。

（4）视频监控范围至少应覆盖：卸氨区、蒸发区、储备区、罐体（液位计侧）、罐体顶部以及氨区全景。

监控室

摄像头

十四、通信报警

（1）应当在作业场所设置通信、报警装置，并保证其处于适用状态。

（2）氨区火灾监测报警系统应具有就地、远传报警功能。

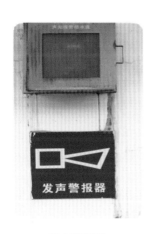

远传集控　　　　　　　　作业场所通信　　　　　　　发声警报器

十五、防爆型电气设备

（1）氨压缩机房和设备间应保证通风、照明良好，并使用防爆型电气设备。防爆电气设备包括防爆电机、防爆电器两大部分，后者又包括防爆变压器、防爆开关、防爆启动器、防爆继电器、防爆制动器、防爆插接电器、防爆接线盒、防爆声光电器、防爆保护装置、防爆配电装置及防爆电控设备等。

（2）防爆灯具用于氨区和氨区配电间的照明，防爆检修箱和防爆插头用于氨区检修作业时的防爆安全，配电间风机开关应使用防爆型。

防爆开关　　　　　　　防爆风机　　　　　　　防爆照明　　　　　　　防爆泵

第三章 安 全 设 施

一、风向标

（1）氨区应设置风向标，及时掌握风向变化。

（2）风向标应安装在氨区最高处，并方便观察。

（3）风向标宜选用金属指针式和风向袋两种形式以上的风向标。

金属指针式风向标

风向袋

二、避雷保护

（1）氨区应设置避雷保护装置，并采取防止静电感应的措施，储罐以及氨管道系统应可靠接地。

（2）氨区防雷应用独立避雷针保护，并应采取防止雷电感应的措施。按照《建筑物防雷设计规范》（GB 50057），避雷针应安装 2 根专用接地引下线并设置测试断接卡，便于定期导通测试。

两根接地线

可靠接地

独立避雷针

三、金属跨接线

（1）氨区及输氨管道法兰、阀门连接处均应装设金属跨接线。跨接线宜采用 4×25 mm 镀锡扁钢，或 $\phi 8$ mm 的镀锌圆钢。

（2）需静电接地的管道，法兰、阀门间应设置导线跨接，其电阻值不大于 0.03 Ω。

4×25 mm
镀锡扁钢

阀门金属跨接线

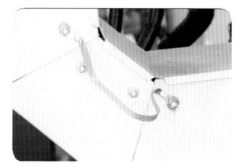

导线跨接

四、静电释放装置

（1）氨区大门入口处应装设静电释放装置。静电释放装置地面以上部分高度宜为 1.0 m，底座应与氨区接地网干线可靠连接。

（2）液氨储存、接卸场所的所有金属装置、设备、管道、储罐等都必须进行静电连接并接地。液氨接卸区应设静电专用接地线。扶梯进口处应设置人体静电释放器。

氨区大门入口处　　　　　　　　　　　　　　储罐区

五、安全喷淋器及洗眼器

（1）氨区内应备有洗眼器、快速冲洗装置，防护半径不宜大于 15 m。洗眼器、快速冲洗装置应定期放水冲洗管路，保证水质，并做好防冻措施。

（2）所有洗眼器、喷淋器的区域必须保持一条宽度至少 1 m 的通道；同时保持一个以喷淋头为中心、直径不小于 1.2 m 的空旷区域，并且该区域必须涂刷成安全色。

防护半径

区域通道

（3）安全喷淋器的喷淋头安装高度以 2.0 ~ 2.4 m 为宜。

（4）当给水的水质较差（指含有固体物），应在安全洗眼器前加装过滤器，过滤网采用 80 目。

安全喷淋器

过滤网

六、围栏平台

（1）液氨储罐应设置检修平台，储罐的安全附件布置应在平台附近。液氨储罐检修平台应设置不少于 2 个方向通往地面的梯子。通道、楼梯和平台等处，不准放置杂物。

（2）所有升降口、大小孔洞、楼梯和平台，必须装设高度不低于 1050 mm 的栏杆和高度不低于 100 mm 的脚部护板。如在检修期间需将栏杆拆除时，必须装设牢固的临时遮拦，并设有明显的警告标志，并在检修结束时立即将栏杆装回。栏杆的原有高度 1000 mm 或 1050 mm 可不做改动。

检修平台通道

1050 mm栏杆

围栏

七、储罐防火堤

（1）液氨储罐四周应设置高度为 1.0 m 的防火堤（防火堤高度指由防火堤外侧消防道路路面或地面至防火堤顶面的垂直距离），防火堤内有效容积不应小于储罐组内最大储罐的容量。

（2）防火堤及隔堤必须采用不燃烧材料建造，且必须密实、闭合、不渗漏，能承受所容纳液体的静压及温度变化的影响。储罐的基础应采用不燃烧材料。

防火堤

防火堤

（3）防火堤内侧基脚线至卧式储罐的水平距离不宜小于其直径，且不应小于 3.0 m。

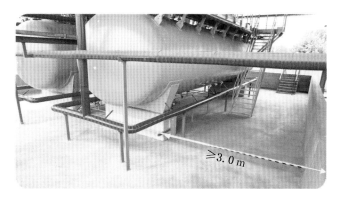

基脚线至卧式储罐的水平距离

八、阻火器

（1）加强进入氨区的车辆管理，严禁未装阻火器的机动车辆进入火灾、爆炸危险区；运送物料的机动车辆必须正确行驶，不能发生任何故障和车祸。

（2）阻火器各构成部件应无明显加工缺陷或机械损伤，内表面应进行防腐蚀处理，防腐涂层应完整、均匀。

（3）在阻火器的明显部位应永久性标出介质流动方向。

（4）阻火器壳体宜采用碳素钢制造，阻火芯宜采用不锈钢制造，其性能应符合相关国家标准的规定，也可采用机械强度和耐腐蚀性能满足相关国家标准要求的其他金属材料。

机动车阻火器

阻火器

第四章 消 防 设 施

一、安全防火要求

（1）主要建（构）筑物和设备火灾自动报警系统、固定灭火系统的配置应符合《火力发电厂与变电站设计防火标准》（GB 50229）的规定。

（2）氨区应设置完善的消防水系统，配备足够数量的灭火器材。氨罐应配置事故消防系统，并定期进行检查、试验，使其处于良好的备用状态。

自动报警系统

消防水系统

35

（3）液氨法烟气脱硝系统及其附近进行动火作业，必须办理动火工作票。作业前应先经过氨气含量的测定，检测合格后方可进行动火作业。检修工作结束后，不得留有残火。

（4）氨区作业人员必须持证上岗，掌握氨区系统设备，了解氨气的性质和有关防火、防爆的规定。氨区应配备安全防护装置。

氨气含量的测定

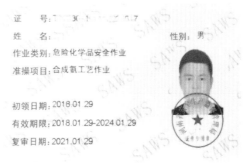

持证上岗

二、消防水炮

（1）氨区应设置消防水炮，消防水炮应采用直流/喷雾两用，并能够上下、左右调节，消防水炮的位置和数量根据需要覆盖的可能泄漏点确定。

（2）室外消防炮的布置应能使消防炮的射流完全覆盖被保护场所及被保护物，且满足灭火强度及冷却强度的要求。

（3）固定式水炮的布置应根据水炮的设计流量和有效射程确定其保护范围。消防水炮距被保护对象不宜少于 15 m，消防水炮的出水量应为 30 ~ 50 L/s。

消防水炮直流

消防水炮喷雾

三、消防喷淋

氨区应设置用于消防灭火和液氨泄漏稀释吸收的消防喷淋系统。消防喷淋系统应综合考虑氨泄漏后的稀释用水量，并满足消防喷淋强度要求，其喷淋管按环形布置，喷头应采用实心锥形开式喷嘴。

喷淋管环形设置

消防管道与氨气管道分开布置

实心锥形开式喷嘴

四、消火栓

（1）氨区应设置室外消火栓灭火系统，室外消火栓应布置在防护堤外，消火栓的间距应根据保护范围计算确定，不宜超过 60 m。消火栓数量不少于 2 只，每只室外消火栓应有 2 个 DN65 内扣式接口。

（2）氨区室外消火栓宜配置消防水带箱，箱内配置 2 支直流/喷雾两用水枪和 2 条直径 65 mm、长度为 25 m 的水带。

室外消火栓

消防栓

五、灭火器

（1）灭火器必须设置在明显和便于取用的地点（室内灭火器必须设置在门口墙边），且不得影响安全疏散。

（2）灭火器设置稳固，其铭牌必须朝外。手提式灭火器宜设置在挂钩、托架上或灭火器箱内。

（3）灭火器需定位，设置点的位置应根据灭火器的最大保护距离确定，并应保证最不利点至少在 1 具灭火器的保护范围内。

（4）灭火器材应存放在用不产生静电火花材料制作的箱子里，箱子内部应采取措施防止灭火器彼此碰撞。

灭火器定位

定期检查

隔断

木箱

灭火器箱

第五章 生 产 运 行

一、出入管理

（1）进入氨区前应先触摸静电释放装置，消除人体静电。禁止携带打火机等火种，禁止穿着可能产生静电的衣服或带钉子的鞋，手机、摄像器材等非防爆电子设备必须关机，将手机、摄像器材、火种等存放在氨区门外指定地点（处所）。

消除人体静电

禁止携带火种

出入登记

禁止穿带钉子的鞋

（2）未经批准的车辆一律不得进入氨区，必须进入的车辆需采取有效的防火措施（安装阻火器等），并经有关部门批准后，在有关人员的监护下方可进入。

车辆在监护下进入氨区

二、氨区管理

（1）氨区内应保持清洁，无杂草、无油污，不得储存其他易燃物品，不得堆放杂物，不得搭建临时建筑。

（2）氨区及周围 30 m 范围内严禁明火或散发火花。

（3）禁止将氨区内的消防设施、安全标志等移作他用。

（4）承担运输液氨的运输单位必须具有危险化学品运输许可资质，运输液氨的槽车必须具有槽车使用证及准用证等资质证，运输人员必须具有作业证等。

（5）严格氨区安全生产责任制，明确氨区安全管理责任部门，配备氨区专业管理人员，落实各级各类人员安全生产责任。不断完善氨区安全管理制度，并定期审核、修订，保证其有效性。

| 清洁无杂草 | 30 m 范围内严禁明火 | 消防设施禁止移作他用 | 危险化学品运输许可资质 |

（6）加强对氨区重大危险源管理，依法开展危险化学品重大危险源辨识、评估、登记建档、备案、核销及管理工作。

（7）按照压力容器及特种设备的有关规定，加强压力容器、压力管道等承压部件和有关焊接工作的技术管理和技术监督，完善设备技术档案。

（8）深入开展隐患排查治理，建立隐患管理台账，积极开展隐患排查、治理、统计、分析、上报和管控工作，及时消除隐患。

压力容器技术档案

隐患管理台账

（9）建立氨区安全管理制度，并定期审核、修订，保证其有效性。氨区有关制度至少包括：运行规程、检修规程、操作票制度、工作票制度、动火票制度、巡视检查制度、登记制度、车辆管理制度等。

（10）储存危险化学品的企业，应当委托具备国家规定的资质条件的机构，对本企业的安全生产条件每3年进行一次安全评价，并提出安全评价报告。

安全管理制度

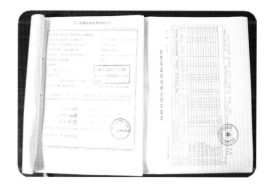

安全评价报告

三、人员管理

（1）氨区作业人员必须经过专业培训，熟悉液氨物理、化学特性和危险性，熟知氨区作业规程规范和应急措施，并经考试合格后按照政府相关部门的规定持证上岗。

持证上岗

专业培训

持 证 上 岗 要 求

人员、车辆	证件名称	发证部门	有效期
液氨运输车	液化气体罐车使用证	当地省锅炉压力容器安全检测研究所	1 年
液氨运输车	危险品运输许可证	当地地（市）以上道路运政管理机关	5 年
液氨运输车	特种设备使用登记证	当地市道路运输管理	3 年
液氨车司机	驾驶证	当地市公安局交通警察支队	10 年
液氨车押运人员	押运证	当地市道路运输管理	6 年
运行人员	合成氨工艺作业	当地省安全监督管理局	6 年
检修人员	合成氨工艺作业	当地省安全监督管理局	6 年

（2）外来施工人员在进入氨区内施工前，须经安全教育并办理安全技术交底等相关手续后，在有关人员的监护下进行施工，作业期间监护人员不得离岗。

（3）进入氨区应履行登记制度，严禁无关人员进入。非运行值班人员进入氨区，必须经过运行值班人员许可，按规定办理有关手续，并在运行值班人员监护下方可进入。

四、工器具等物品定置管理

（1）进行设备运行操作或检修维护作业时应使用铜质等防止产生火花的专用工具。如必须使用钢质工具，应涂黄油或采取其他措施。

（2）工器具配置见表。

工 器 具 配 置

序号	名　　称	型　号	存　放　点
1	防爆对讲机	防爆	氨区控制室
2	防护眼镜	防氨、防雾、防磨	氨区控制室
			集控室
3	手持式氨气检测仪	PG－88－21－NH3	氨区控制室
			集控室
4	铜质工具	铜合金	氨区控制室

工具

五、运行管理

（1）运行值班人员应按规定巡视检查氨区设备和系统运行情况，定期测定空气中的氨气含量并做好记录，发现异常及时处理。氨气含量不得超过 35 ppm（体积浓度）。

（2）运行值班人员应加强对液氨储罐温度、压力、液位等重要参数的监控，严禁超温、超压、超液位运行。

（3）运行操作或检修作业应使用铜质等防止产生火花的专用工具。如必须使用钢质工具，应涂黄油或采取其他措施。

  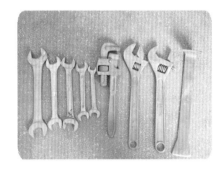

定期测定　　　　　　　　　　测定温度　　　　　　　　　铜质专用工具

（4）氨区安全自动装置应投入运行，严禁随意解除连锁和保护。确需解除的，应严格履行相关审批手续。

（5）运行中不准敲击氨区设备系统，接卸、气体置换、倒罐等重要操作必须严格执行操作票制度；操作时应均匀缓慢，防止因摩擦引起爆炸。

（6）建立氨管理制度，加强相关人员的业务知识培训，使用和储存人员必须熟悉氨的性质，杜绝误操作和习惯性违章。

严禁解除连锁和保护

操作均匀缓慢

执行操作票制度

六、液氨运输

（1）不得随意选用社会车辆进行液氨运输，应与具有危险货物运输资质的单位签订专项液氨运输协议。

（2）危险化学品运输车辆应当符合国家标准要求的安全技术条件，并按照国家有关规定定期进行安全技术检验。危险化学品运输车辆应当悬挂或者喷涂符合国家标准要求的警示标志。通过道路运输危险化学品的，应当配备押运人员，并保证所运输的危险化学品处于押运人员的监控之下。

（3）输送液氨车辆在厂内运输应严格按照制定的路线、速度行进，输送车辆及驾驶人员应具有运输液氨相应的资质及证件等。

（4）加强进入氨区的车辆管理，严禁未装阻火器的机动车辆进入火灾、爆炸危险区；运送物料的机动车辆必须正确行驶，不能发生任何故障和车祸。

运氨车辆厂内行车路线：厂西南大门
入厂→运煤道路→汽车衡(北)→经七
路→纬四路→经六路→纬一路→氨
区→原路折返→厂西南大门→出厂

危险化学品厂内行车路线

运输车辆

运输证件

七、接卸操作

（1）接卸前应查验液氨出厂检验报告及有关证件（液氨运输人员作业证、槽车使用证及准用证等），对液氨运输人员做好相关的安全交底。液氨运输人员必须服从氨区运行值班人员的指挥。

（2）卸氨操作前应设立安全隔离区，防止无关人员进入卸氨区域。槽车进入卸料区后，应熄火并做好防止滑动措施。卸氨前必须连接好卸料区与槽车的静电接地线，并于车前后位置放置安全标示。

安全交底

防止滑动措施

静电接地线

（3）液氨运输人员负责槽车侧的阀门操作，运行值班人员按照操作票逐项操作氨区内设备系统。

（4）卸氨操作期间，运行值班人员和运输人员均应佩戴好防护用品，并经常观察风向标，始终保持在上风向位置。运行值班人员应随时监测作业区内氨气浓度并确保其低于 35 ppm，浓度超标时应立即停止卸氨，查找漏氨点并处理好后才能继续作业。

阀门操作　　　　　　　　　　观察风向标　　　　　　　　　　随时监测

（5）卸氨过程中，应时刻注意储罐和槽车的液位和压力变化，不得超过规定的安全液位高限。严禁槽车卸空，槽车内应保留有 0.05 MPa 以上余压，但最高不得超过当时环境温度下介质的饱和压力。

（6）接卸液氨时，槽车押运人员、氨区运行值班人员不得擅自离开操作岗位，驾驶员必须离开驾驶室。

（7）卸氨结束，应静置 10 min 后方可拆除槽车与卸料区的静电接地线，并检测空气中氨浓度小于 35 ppm 后，方可启动槽车。

（8）卸车作业时应严格遵守操作规程，卸车过程应有专人监护。

注意储罐压力

驾驶员离开驾驶室

拆除槽车

监护人员

八、气体置换

（1）在对氨区维修时，对设备、管道等含氨管道必须通过氮气吹扫进行空气置换。气氨管路和液氨管路的氮气吹扫置换可顺次在 0.5、1.0、1.5 MPa 3 个压力下同时进行，重复加压排放 3 次即可（多次卸氨后可只选择过滤器后的气氨管路出口截止阀至槽车的气氨管路段和槽车至液氨管路进口截止阀的液氨管路段进行氮气置换）。

（2）确保连接管道、阀门有效隔离。

（3）氮气置换氨气时，取样点氨气含量不得超过 35 ppm。

（4）压缩空气置换氮气时，取样点氧含量应达到 18% ~21% 。

（5）氮气置换压缩空气时，取样点氧含量应小于 2% 。

加压排放   连接管道   氮气置换

九、检修维护

（1）检修维护检修时，应进行作业危险源辨识和风险评估，做好对应措施及应急处置。作业必须严格执行工作票制度，在氨区内从事任何工作时必须填用工作票，履行相关手续，在采取可靠隔离措施并充分置换后方可作业。如出现工作间断，每次开工前应再次测量氨气浓度，符合要求后方可开工。氨系统检修后，应进行气密性试验，不合格的严禁投入。

（2）作业前必须检查氨区（特别是泵周围）可燃气体报警仪使用是否正常，并确保氨气浓度接近爆炸下限的10%时，应能发出报警信号。氨气比空气轻并有刺激性气味，如作业时闻到刺激性气味时，立即停止作业，找到并解除泄漏源后才能重新开始作业；如找不到泄漏源，必须停止作业。

做好对应措施　　　　　　　　　　泄漏检查　　　　　　检查可燃气体报警仪是否正常

（3）设备内部检修作业时，除应用氮气对相关设备和管道进行吹扫外，还应保证设备内氧浓度达到 19.5% ~ 21% ，同时要落实有限空间作业安全措施。

（4）正确穿戴劳动防护用品，严禁穿戴易产生静电的服装；作业人员实施操作时，应按规定佩戴个人防护用品，避免因正常工作时或事故状态下吸入过量氨气。

氧浓度仪　　　　　　　　　　　　　　　　　氨区作业

（5）在氨区或氨系统附近进行明火作业时，必须严格执行动火工作票制度，办理动火工作票。氨系统动火作业前、后应置换排放合格；动火结束后，及时清理火种。

（6）氨系统发生泄漏时，严禁带压紧固法兰或用捻打等可能产生火花、静电、温度变化的方法消除外漏。

（7）氨区及周围 10 m 范围内动用明火和进行可能散发火花的作业，应办理"一级动火工作票"，10~30 m 范围内动用明火和进行可能散发火花的作业，应办理"二级动火工作票"。动火作业前必须进行可燃气体测试，合格后方准许动火。严禁在运行中的氨管道、容器外壁进行焊接、气割作业。

办理动火工作票

禁止动火作业

（8）动火作业应落实动火安全技术措施，动火安全技术措施应包括对管道、设备、容器等的隔离、封堵、拆除，阀门上锁、挂牌，清洗、置换、通风、停电及检测可燃性、易爆气体含量等措施。

（9）检修工作结束不得留有火种隐患，要做到"工完料尽场地清"。

（10）设备检修现场中冲洗用清水应处于常开状态。

工完料尽场地清

动火安全技术交底

冲洗用清水处于常开状态

十、有限空间

（1）有限空间作业应根据有限空间内原存介质、工作内容（区域）、工作方式等，进行有限空间作业危险源辨识和风险评估，制定措施及应急预案，进行技术交底、演练。开工前应履行许可手续，作业人员应严格履行各自的安全职责，在采取可靠隔离措施并充分置换后方可作业，每次开工前应再次测量氨气浓度，符合要求后方可开工。

（2）有限空间外至少有1人进行专门监护，监护人应熟悉设备内氨的毒性、中毒症状以及火灾和爆炸性，并根据氨特性备齐急救器材、防护用品。进入有限空间前，监护人会同作业人员检查安全措施，统一联系信号，监护人所站位置能看清设备内作业人员作业情况。监护人除了向设备内递送工具、材料外，不得从事其他工作，更不能擅离岗位，发现设备内有异常时，立即召集急救人员进行紧急救护。

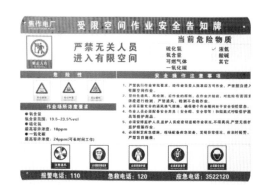

有限空间作业安全告知牌

有限空间作业

（3）进入容器、槽箱内部进行检查、清洗和检修工作应加强通风；严禁向内部输送氧气。

（4）若容器或槽箱内存在有害气体或存在有可能生成有害气体的残留物质，应先进行通风，把有害气体或可能生产有害气体的物质清除后，再进行有害气体、氧气含量的测定。氧气浓度保持在 19.5% ~21% ，工作人员方可进内工作。工作人员应轮换工作和休息。

加强通风

轮换工作和休息

（5）在容器内部或外部进行焊接作业，除必须采取严格的隔断和吹扫规定外，还必须经主管领导批准。残余易燃物品应清理干净，必须对容器所有连接的管道进行可靠隔绝并加装堵板，检查措施完善后方准许焊接。

（6）罐内作业所使用的照明、电动工具必须是安全电压，在干燥的罐内，电压应小于 36 V；在潮湿环境或密闭良好的容器内，安全电压应小于 12 V；若有可燃性物质存在，还应符合防爆要求。电动工具应可靠接地，严防漏电现象发生。

（7）进罐作业检修人员必须穿戴好工作服、工作帽、工作鞋，应针对不同氨介质穿戴不同的劳动防护用品。特殊情况下应戴防毒面具入罐，并严密监视罐内情况变化，限定罐内作业时间，进行交替作业，减少在设备内的停留时间。

进罐作业检修人员

通风检测在作业

安全电压应小于 12 V

（8）在容器、槽箱内工作业，如需站在梯子上工作时，工作人员应使用安全带，安全带的一端拴在外面牢固的位置。

（9）在关闭容器、槽箱的人孔门以前，工作负责人必须清点人员和工具，检查确实没有人员或工具、材料等遗留在容器、槽箱内，方可关闭。

在梯子上工作

清点人员和工具

十一、定期工作

序 号	设 备 系 统	检验时间	责任部门
1	氨储存罐、缓冲罐、空气储存罐	外部检验每年 1 次	设备部
2	仪表、氨气检测报警系统	每月试验 2 次	设备部
3	消防喷淋系统、冷却喷淋系统	每月试验不少于 1 次	运行部
4	洗眼器、快速冲洗装置	每周检验 1 次	运行部
5	运行、检修设备巡检	每班检验 1 次	运行部
6	正压式空气呼吸器、重型化学防护服	每月检查 1 次	运行部
7	避雷针及接地网	每半年检测 1 次	设备部
8	压力表、安全阀	每年校验 1 次	设备部
9	氨气泄漏报警仪	每年校验 1 次	设备部
10	其他防护用具	每周检查 1 次	设备部
11	开展应急演练工作	每年 1 次	安监部
12	重大危险源辨识、登记建档、定期评估	每月内检 1 次	安监部

第六章 应 急 管 理

一、应急处置

（1）应按规定编制液氨泄漏事故专项应急预案和现场处置预案。

（2）应制定液氨泄漏事故应急演练计划，定期组织开展应急演练工作。

应急预案

液氨泄漏现场应急处置措施

应急演练

（3）氨系统发生泄漏时，应使用便携式氨气检测仪或肥皂水查漏，禁止明火查漏。

氨气检测仪查漏

肥皂水查漏

（4）发生液氨泄漏，现场人员应穿戴好防护用品并按规定报告。发生液氨严重泄漏时，运行值班人员应停运相关设备，切断液氨来源，使用消防水炮进行稀释。

（5）发电企业接到液氨泄漏报告后，应启动应急预案，组织专业人员处理。现场处理人员不得少于 2 人，严禁单独行动。当泄漏有可能影响周边居民人身安全时，发电企业应立即报告当地政府。

（6）液氨严重泄漏或液氨泄漏引发火灾、爆炸，以及处置中液氨泄漏未得到有效控制的，发电企业应立即启动应急响应机制，请求地方政府支援，协同开展应急救援工作。发电企业应根据泄漏程度，设定隔离区域和疏散地点。隔离区域应设警戒线，并有专人警戒；疏散地点处于上风、侧风向，沿途设立哨位，并有专人引导或护送。

消防水进行稀释　　　　　　　　　人员急救　　　　　　　　　隔离区域设警戒线

（7）液氨泄漏或现场处置过程中伤及人员的，按以下原则紧急处理：

① 人员吸入液氨时，应迅速转移至空气新鲜处，保持呼吸通畅；如呼吸困难或停止，立即进行人工呼吸，并迅速就医；

② 皮肤接触液氨时，立即脱去污染的衣物，用医用硼酸或大量清水彻底冲洗，并迅速就医；

③ 眼睛接触液氨时，立即提起眼睑，用大量流动清水或生理盐水彻底冲洗至少 15 min，并迅速就医。

保持呼吸通畅

大量流动清水冲洗眼睛

医用硼酸冲洗皮肤

（8）液氨泄漏火灾处理应符合下列要求：

① 关闭输送物料的管道阀门，切断气源；

② 启动事故消防系统，用水稀释、溶解泄漏的氨气；

③ 若不能切断气源，则不允许扑灭正在稳定燃烧的气体，应喷水冷却容器。

关闭管道阀门　　　　　启动事故消防系统　　　　　喷水冷却容器

（9）进行泄漏现场处理、处置时应做好个体防护。在没有防护的情况下，任何人不应暴露在能够或可能危害人体健康的环境中。泄漏现场工作人员禁止饮水和进食。

（10）现场救险人员在进入泄漏现场应穿戴符合国家标准要求的防护用品，撤离泄漏现场并经洗消后方可解除防护。

泄漏现场禁止饮水

泄漏现场禁止进食

泄漏现场标准防护

二、防护用品和应急救援物资

发电企业应配备必要的防护用品和应急救援物资，防护用品和应急物资配备数量不得少于右表中的规定。

应急物资检查

防护用品和应急救援物资配备要求

序号	物资名称	技术要求或功能要求	数 量	
			个人	公用
1	正压式空气呼吸器	技术性能符合 GB/T 18664 要求	—	2 套
2	气密型化学防护服	技术性能符合 AQ/T 6107 要求	—	2 套
3	过滤式防毒面具	技术性能符合 GB/T 18664 要求	1 个/人	4 个
4	化学安全防护眼镜	技术性能符合 GB/T 11651 要求	1 副/人	4 个
5	防护手套	技术性能符合 GB/T 11651 要求	1 双/人	4 个
6	防护靴	技术性能符合 GB/T 11651 要求	1 双/人	4 双
7	便携式氨气检测仪	检测氨气浓度	—	1 台
8	手电筒	易燃易爆场所，防爆	—	2 个
9	手持式应急照明灯	易燃易爆场所，防爆	1 个/人	2 个
10	对讲机	易燃易爆场所，防爆	—	2 台
11	医用硼酸	500 mL	—	2 瓶

第七章 个 体 防 护

一、工作服

（1）进入工作现场必须穿着具有本单位标识的工作服。

（2）操作转动机械时，袖口必须扎紧扣好。

（3）根据专业需要及现场高低温、电磁辐射、化学药剂、静电等危害因素，选择适合安全作业的工作服。

（4）进入易燃、易爆化工场所作业，必须穿着防静电工作服。

（5）当液氨发生泄漏时，现场应急救援人员应防止冻伤，按要求选择防氨渗、防静电的化学防护服，应穿着气密型化学防护服和符合要求的橡胶靴。

工作服　　　　　　　　化学防护服

二、呼吸防护

（1）应使用有效期内合格的防毒面具。

（2）使用时将面具盖住口鼻，然后将头带框套拉至头顶，用双手将下面的头带拉向颈后，然后扣住。

（3）使用前检查面具应无裂痕、无破口，确保面具与脸部贴合的密封性（可用手掌盖住滤毒盒座下口，缓缓吸气，若感到呼吸有困难，则表示佩戴面具密闭性良好；若能吸入空气，则需重新调整面具位置及调节头带松紧度，消除漏气现象）。

（4）每次使用后清洗时不得使用有机溶液清洗剂进行清洗，否则会降低使用效果。

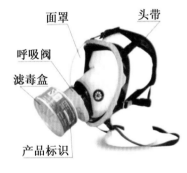

面罩　　头带
呼吸阀
滤毒盒
产品标识

防毒面具　　　　　　　　　密合性测试

三、防护手套

（1）防水、防冻、耐酸碱手套使用前要进行吹气检查，不泄气方可用。

（2）防护手套必须是企业安健环及相关专业部门指定厂商提供的合格手套，产品标识及合格资料应齐全。

（3）防护手套外观应无伤痕、气泡、斑点、污痕、粘连、发脆现象及其他有碍正常使用的缺陷。

 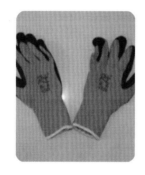 

防水手套	防冻手套	吹气检查

四、正压式空气呼吸器

（1）应使用有效期内合格的正压式空气呼吸器。

（2）佩戴时先将快速接头断开，然后将背托放在人体背部，系紧肩带、腰带。

（3）把面罩上的长系带套在脖子上，使前面罩置于胸前，以便随时佩戴，然后将快速接头接好。

（4）将供气阀置于关闭位置，打开气瓶开关，观察压力表读数，压力不应小于 27 MPa。

（5）戴好面罩进行 2～3 次深呼吸，应感觉舒畅，屏气或呼气时，供气阀应停止供气，无"咝咝"的响声。用手按压供气阀的杠杆，检查其开启或关闭应灵活。

（6）撤离现场到达安全处所后，将面罩系带松开，摘下面罩。关闭气瓶开关，打开供气阀，拔开快速接头，从身上卸下呼吸器。

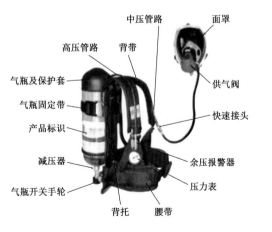

正压式空气呼吸器

五、防护眼镜

（1）护目镜和面罩应选用经产品检验机构检验合格的产品。

（2）根据不同用途，佩戴防腐蚀液喷溅的眼镜和面罩。

（3）眼镜的宽窄和大小要适合使用者的脸型。

（4）镜片、滤光片、保护片等出现粗糙、损坏要及时更换。

防护眼镜

第八章 安 全 标 示

一、安全标志标识

安全标识

安全标识

二、禁止标志

禁止标志

三、重大危险源

根据《危险化学品重大危险源辨识》（GB 18218）辨识出的重大危险源（以及其他被认定的重大危险源）应设置重大危险源标志，具体内容根据实际情况制定。

重大危险源标志

四、职业病危害告知牌

有毒物品作业岗位职业病危害告知牌是设置在使用高毒物品作业岗位醒目位置上的警示标志，它以简洁的图形和文字，将作业岗位上所接触到的有毒物品的危害性告知员工，并提醒员工采取相应的预防和处理措施。告知牌包括有毒物品通用提示栏、有毒物品名称、健康危害、警告标识、指令标识、应急处理和理化特性等内容。

危险化学品安全周知卡

五、设备标识

（1）设备标志宜采用标志牌的形式，标志牌基本形式为矩形，衬底为白色，边框、编号文字为红色（接地设备标志牌的边框、文字为黑色），黑体字，字号根据标志牌尺寸、字数适当调整，宜采用反光材料制作。根据现场安装位置不同，可采用横排或竖排。标志牌形式可因地制宜，但要结合设备本身固有尺寸、特点，做到整体协调、美观、清晰、醒目。

（2）设备命名应为双重名称，由设备名称和设备编号组成，企业可根据需要在设备标志中增加设备编码。

（3）设备、建（构）筑物名称应定义清晰，具有唯一性；功能、用途完全相同的设备、建（构）筑物，其名称应统一。

设备标志

（4）设备、名称中的序号应用阿拉伯数字加汉字"号"或大写英文字母表示。

（5）电动机名称可直接喷涂在电动机本体醒目位置（如风扇罩上），字体颜色采用黑色或白色。

（6）设备高度超过 2 m 时，容器设备标志牌应安装于其下缘距地面 1.5 m 且左右居中的位置；设备高度低于 2 m 时，容器设备标志牌应安装于设备中部。

氨气 **缓冲罐B** J0HSK22AC001	**氨区** **消防间** Fire room ammonia area
液氨 **蒸发器A** J0HSK11AC001	**液氨** **蒸发器B** J0HSK12AC001

设备标志

82

六、色环介质流向等标识

序号	管道名称	面漆颜色	
1	凝结水管道（不保温）	C50Y100	
2	工业水、射水、冲灰水管道	K100	
3	消防水管道	M100Y100	
4	空气管道	C100	
5	氧气管道	C100	
6	氮气、二氧化碳管道	K40	
7	氩气管道	Y100	
8	联氨	M50Y100	

管道面漆颜色

1—危险标识；2—介质名称

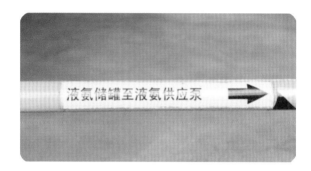

管道标志

七、检修标识

（1）检修工作人员活动范围应设置临时提示遮拦，并临时设置"必须戴防护手套""必须穿防护服""必须戴防毒面具"等指令警示牌。

（2）设置检修作业点管理看板内容包含作业点名称、工作负责人、两票一卡、文件包等。

指令警示牌  检修作业看板